FAUNE DES COLONIES FRANÇAISES

DESCRIPTION SOMMAIRE
DE QUELQUES LARVES DE DYTISCIDES
DE MADAGASCAR

par H. BERTRAND

Docteur ès-sciences

PARIS
SOCIÉTÉ D'ÉDITIONS
GÉOGRAPHIQUES, MARITIMES ET COLONIALES
184, Boulevard Saint-Germain, 184

1928

DESCRIPTION SOMMAIRE
DE QUELQUES LARVES DE DYTISCIDES
DE MADAGASCAR

FAUNE DES COLONIES FRANÇAISES

DESCRIPTION SOMMAIRE
DE QUELQUES LARVES DE DYTISCIDES
DE MADAGASCAR

par **H. BERTRAND**

Docteur ès-sciences

PARIS

SOCIÉTÉ D'ÉDITIONS

GÉOGRAPHIQUES, MARITIMES ET COLONIALES

184, Boulevard Saint-Germain (VIᵉ)

1928

FAUNE DES COLONIES FRANÇAISES

DESCRIPTION SOMMAIRE
DE QUELQUES LARVES DE DYTISCIDES
DE MADAGASCAR

par H. BERTRAND

Docteur ès-sciences

Parmi les nombreux insectes aquatiques recueillis à Madagascar par M. WATERLOT, que possède le Muséum National d'Histoire Naturelle, se trouvent un certain nombre de larves de Dytiscides dont M. P. LESNE a eu l'amabilité de me confier l'examen.

Depuis l'important travail de MEINERT (1901) aucune recherche d'ensemble n'a été entreprise sur la systématique des larves de ce groupe.

On ne sait à peu près rien des premiers états des Dytiscides de Madagascar ; tout au plus XAMBEU dans un mémoire consacré aux larves de Madagascar a-t-il décrit deux larves attribuées à l'*Hyphydrus separandus* Rég. et au *Cybister tripunctatus* Ol.

Presque toutes les larves faisant l'objet de cette note se répartissent dans sept des genres dont la biologie était déjà connue de MEINERT : *Hydrocanthus, Canthydrus, Laccophilus, Hyphydrus, Rhantus, Hydaticus, Cybister* ; une seule appartient à un genre non connu à l'état larvaire, genre d'ailleurs monotype : *Rhantaticus*.

Faute d'élevages, dans bien des cas, l'identification des espèces n'a pu être faite ou reste douteuse (*).

(*) Un astérisque indique les larves dont l'identité paraît la plus certaine, la détermination n'a pu être basée que sur des concordances de taille ou de fréquence avec les imagos recueillis (déterminés par M. R. PESCHET).

D'une façon générale ces larves de Madagascar, s'écartent peu des larves des formes paléarctiques, sauf parfois par la coloration *(Hydaticus, Laccophilus)*.

Toutefois quelques larves de *Cybister* et la larve d'un *Hydaticus* offrent des traits assez remarquables, respectant d'ailleurs dans l'ensemble l'unité morphologique du type générique.

Quelques unes de ces larves appartiennent au groupe des *Noterinæ* dont la biologie est encore peu connue.

Les larves des *Noterinæ* s'éloignent beaucoup par leur facies des autres larves de Dytiscides (fig. 1), celles des *Hydrocanthini* étant caractérisées par la réduction des cerques.

Fig. 1. — *Canthydrus guttula* Aubé? Larve, face dorsale.

CANTHYDRUS Sharp.

Les larves des *Canthydrus* ont le quatrième article de l'antenne grand, de longueur égale ou supérieure à la moitié du troisième article, la mandibule bidentée, les cerques un peu plus courts que chez *Hydrocanthus*, le dernier segment légèrement prolongé en arrière des stigmates terminaux, les soies plus denses.

La face ventrale des deuxième et troisième segments de l'abdomen est entièrement cornée (1).

Canthydrus guttula Aubé ?
(Fig. 1 à 4)

— Larve adulte atteignant 5ᵐᵐ, la tête mesurant 0ᵐᵐ 50, les derniers segments 0ᵐᵐ 40 et 0ᵐᵐ 60.

Les cerques sont près de quinze fois plus courts que le dernier segment.

---

(1) Ce dernier caractère n'est pas mentionné par Meinert.

Coloration caractéristique : tête et thorax jaune fauve, mouchetés de brun ; les trois premiers segments de l'abdomen bruns, les

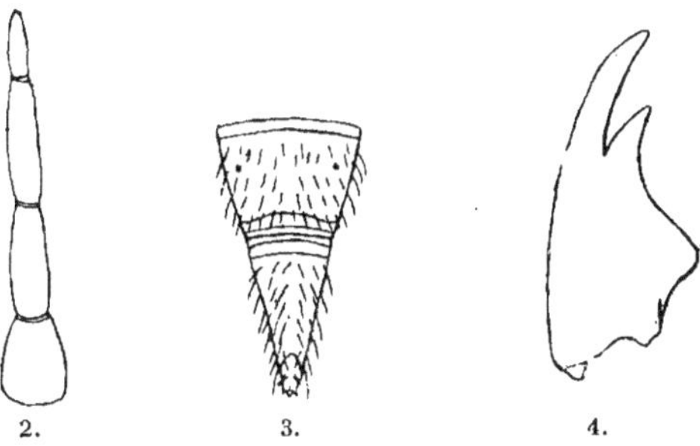

2.   3.   4.

Canthydrus guttula AUBÉ ? --- FIG. 2. Antenne. —
FIG. 3. Les deux derniers segments, face ventrale. —
FIG. 4. Mandibule.

trois suivants jaunes, les deux derniers bruns.

Parfois les segments abdominaux sont jaunes dans leur région postérieure.

6 larves de Tananarive.

— Larvule de $2^{mm}50$, pourvue de tubercules frontaux, à soies rares et longues.

La tête mesure $0^{mm}30$, les deux derniers segments $0^{mm}15$ et $0^{mm}30$.

Tête et thorax jaunâtres, le reste du corps brunâtre, la région antérieure des scuta éclaircie (1).

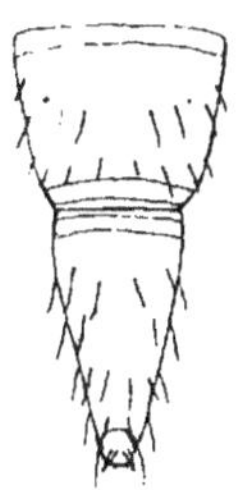

*Hydrocanthus
constrictus* RÉG.
— FIG. 5. Les
deux derniers
segments, face
ventrale.

HYDROCANTHUS Say

Les larves des *Hydrocanthus* se distinguent aisément de celles des *Canthydrus* par la réduction du quatrième article de l'antenne par rapport au troisième et leur mandibule simple, non bidentée.

(1) L' *H. concolor* Sharp. a été également recueilli par WATERLOT mais moins abondamment.

La face ventrale des deuxième et troisième segments de l'abdomen reste membraneuse vers la ligne médiane.

Hydrocanthus constrictus Rég.
(Fig. 5 à 8).

— Larve adulte assez grande, de 7^{mm}, la tête mesurant 0^{mm} 85 les deux derniers segments 0^{mm} 60 et 1^{mm} 50.

Coloration brun noirâtre foncé, à peu près concolore, la tête et le thorax à peine éclaircis.

1 larve de Tananarive.

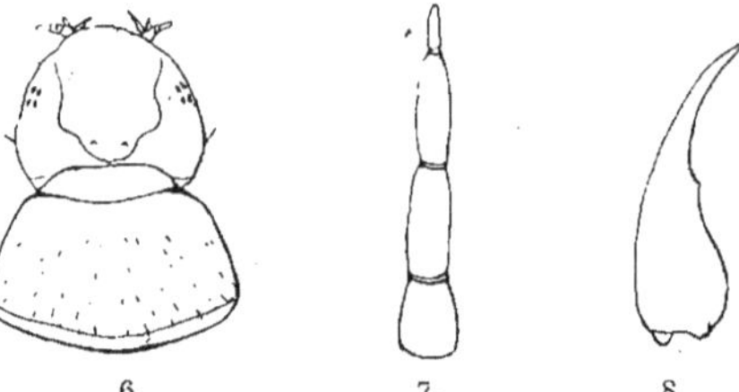

Hydrocanthus constrictus Rég. — Fig. 6. Tête et pronotum (larvule). — Fig. 7. Antenne. — Fig. 8. Mandibule.

— Larve au deuxième stade de 5^{mm} 50, la tête mesurant 0^{mm} 75, les deux derniers segments 0^{mm} 45 et 0^{mm} 75.

1 larve de Tananarive.

— Larvule de 4^{mm}, pourvue de tubercules frontaux, à soies rares et longues.

La tête mesure 0^{mm} 55, les deux derniers segments 0^{mm} 35 et 0^{mm} 45.

1 larve de Tananarive.

LACCOPHILUS Leach

Les larves appartenant à ce genre ressemblent à celles des espèces paléarctiques, elles diffèrent surtout par la coloration et appartiennent à deux ou trois espèces.

Laccophilus complicatus SHARP

(Fig. 9).

— Larve adulte atteignant 6^{mm} 50 à 7^{mm}. La tête (1^{mm} 35) plus longue que large, a les côtés subparallèles, les angles temporaux assez accusés avec trois longs acicules, les deux antérieurs plus grands.

Les scuta dorsaux et les derniers segments entièrement cornés sont revêtus d'épines inégales, les plus fortes correspondant aux grandes soies primaires des larvules, caractère que l'on observe chez les larves au deuxième stade des espèces d'Europe ; les épines sont nombreuses et pressées sur le prolongement terminal du dernier segment.

Le huitième segment de l'abdomen (0^{mm} 90) est un peu plus du double plus long que le septième (0^{mm} 40).

La distribution des phanères sur les pattes, n'offre aucun caractère particulier.

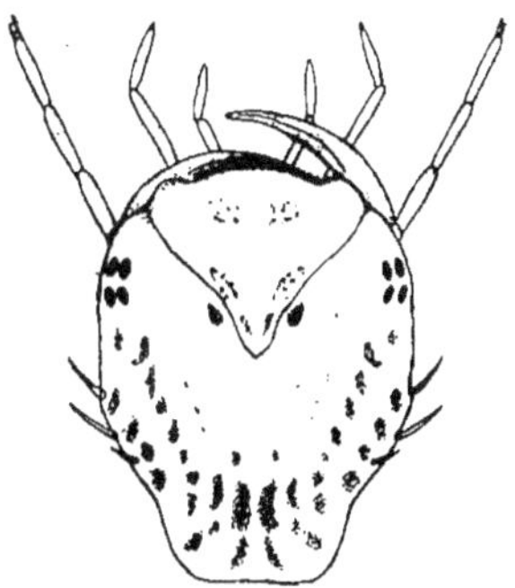

FIG. 9. — *Laccophilus complicatus* SHARP. Tête, face dorsale.

Les cerques (1^{mm} 65), cylindriques, assez grêles, sont un peu plus courts que chez la larve du *Laccophilus hyalinus* De Geer ; ils portent des soies nombreuses, assez longues.

Coloration jaune verdâtre à taches et mouchetures brunes.

Le cou est taché de brun de part et d'autre de la ligne sagittale.

Sur la tête proprement dite : pas de tache centrale vers la pointe postérieure de l'épistome, deux taches brunes ovalaires vers l'insertion des muscles antennaires, sur l'épicrane.

Sur le vertex, quelques taches brunes vers la ligne sagittale confluant plus ou moins avec les taches du cou.

Quatre à cinq taches brunes vers les tempes et en dedans une rangée de taches allant du vertex aux aires ocellaires ; quelques mouchetures sombres sur l'épistome.

Les mandibules sont brunâtres ; les autres appendices céphaliques clairs, assombris vers l'extrémité.

Scuta dorsaux du thorax et de l'abdomen ornés de nombreuses taches et mouchetures brunes, en trois rangs de chaque côté sur le pronotum, en deux rangs à partir de mésonotum.

Le bord des scuta et les praescuta sont brunâtres, la pointe de l'abdomen obscurcie.

Les pattes sont claires, assombries par places, les cerques assez clairs ou brunâtres, concolores.

Légères variations individuelles ; quelques larves, assez claires ont dû être fixées peu après la mué.

Nombreuses larves de Tananarive.

— Larve au deuxième stade très voisine, différant surtout par la taille (5^{mm}), la tête mesurant $0^{mm}90$, les derniers segments $0^{mm}20$ et $0^{mm}40$ et les cerques de $1^{mm}55$ à $1^{mm}60$.

Épines et « poils en rame » (BLUNCK) du clypeus moins nombreux que chez l'adulte ; la coloration analogue, les dessins sombres moins nets, les appendices plus assombris.

Assez nombreuses larves de Tananarive.

Laccophilus sp.

— Larve adulte un peu plus petite que la précédente atteignant au plus $6^{mm}50$.

Tête plus petite (1^{mm}) ; les derniers segments mesurant respectivement $0^{mm}20$ et $0^{mm}85$, les cerques plus courts : $1^{mm}25$ environ.

Cette larve de teinte un peu pâle, est extrêmement voisine de la précédente, elle en diffère surtout par la taille.

1 larve de Tananarive.

Laccophilus sp.
(Fig. 10).

La tête mesure 1^{mm}, les derniers segments $0^{mm}50$ et $0^{mm}725$.

Les cerques sont assez longs : $1^{mm}50$.

Coloration olivâtre clair, à taches plus sombres et mouchetures brunes.

Sur la tête, le cou, le vertex et les tempes offrent les mêmes taches brunes que chez les larves précédentes ; par contre il existe une tache centrale vers la pointe postérieure de l'épistome dont le centre reste clair, les « angles frontaux » (MEINERT) étant obscurcis, les appendices sont analogues.

Les scuta dorsaux et les derniers segments n'ont pas de mouchetures brunes, la pointe de l'abdomen est assombrie.

Les cerques sont clairs ou un peu assombris, concolores. La distribution et l'aspect des phanères rappellent assez les larves précédentes ; les cerques

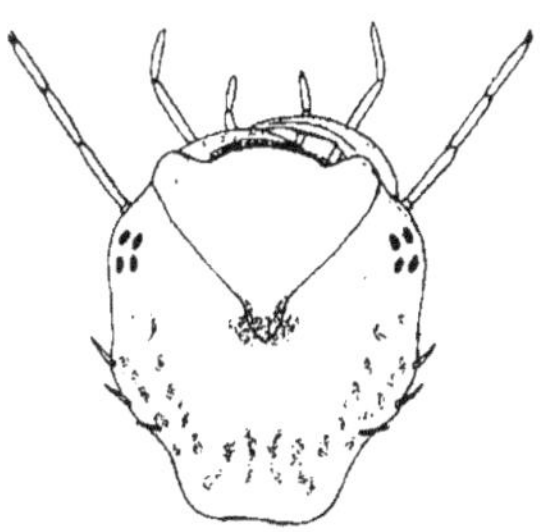

Fig. 10. — *Laccophilus sp.*
Tête, face dorsale.

ont des épines assez fortes en dehors, des soies assez grêles, relativement peu nombreuses en dedans.

1 larve (type) d'un ruisseau à Analalava.

1 larve (plus grande à cerques brisés) de Marovoay (Province de Majunga).

1 de Tananarive (1).

HYPHYDRUS Illig.

MEINERT, après SCHIÖDTE, a étudié la larve de l'*Hyphydrus ovatus* L. ; j'ai pu observer celle de l'*Hyphydrus Aubei* Ganglb et XAMBEU a décrit une larve provenant des environs de Diégo-Suarez qu'il attribue à l'*Hyphydrus separandus* Rég.

Ces trois larves sont surtout caractérisées par la coloration ; la dernière à en juger par la description de XAMBEU serait très voisine, même identique à la larve de l'espèce suivante (2) ?

(1) Les larves ci-dessus décrites appartiennent sans doute aux *L. addendus* Sharp. et *L. posticus* Aubé.

(2) Peut-être s'agit-il de la larve de la variété *sourezicus* Alluaud que l'on rencontre dans cette région.

Hyphydrus scriptus Aubé
(Fig. 11).

— Larve adulte atteignant jusqu'à 7^{mm}50. La tête mesure 1^{mm}25, la corne frontale 0^{mm}55, les deux derniers segments 0^{mm}35 et 1^{mm}35 ; les cerques ont leur premier article plus court que le dernier segment : 1^{mm}10.

La distribution des phanères n'offre aucun caractère spécifique. Coloration assez sombre, brun noirâtre varié de jaune rougeâtre.

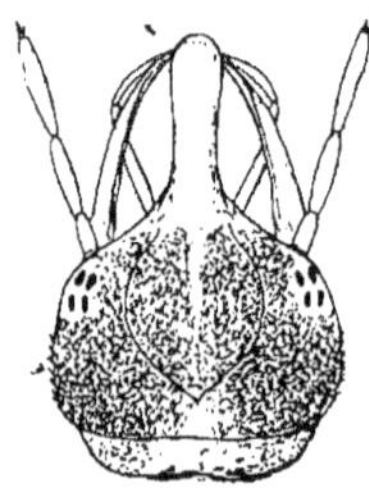

Fig. 11. — *Hyphydrus scriptus* Aubé. Tête, face dorsale.

Tête brune, corne frontale jaune brunâtre, aires ocellaires jaunâtres, les mandibules rougeâtres.

Pronotum jaune, étroitement rembruni au bord postérieur ; méso, métanotum et scuta dorsaux des quatre premiers segments de l'abdomen brun noirâtre, scuta des cinquième, sixième, et septième segments jaunes ou bordés de brun antérieurement, huitième segment jaune en avant ; le reste, y compris le prolongement terminal, brunnoir.

Les pattes sont jaunes, tachées de brun, les cerques entièrement brun noirâtre, un peu plus clairs à la base.

Variations individuelles presque nulles dans le matériel étudié. Assez nombreuses larves de Tananarive (1).

RHANTUS Lacord.

Les larves appartenant à ce genre, de très grande taille, se rapportent certainement à l'espèce suivante :

Rhantus latus Fourc.
(Fig. 11 à 16).

— Larve adulte grande : 17^{mm}50 à 19^{mm}. La tête mesure 3^{mm} les derniers segments 2^{mm} et 3^{mm}, les cerques 2^{mm}55 à 2^{mm}75.

____

(1) Les *H. circularis* Ré. sont moins abondants.

Indépendamment de la taille, cette larve offre quelques caractères lui donnant une ressemblance d'ailleurs superficielle avec la larve du *Colymbetes fuscus* L.

La tête est courte, largement arrondie, aussi large que longue ; les antennes et les palpes maxillaires et labiaux sont forts.

Le stipes des maxilles est élargi, déprimé, et non point plus ou moins étroitement allongé et subcylindrique comme chez les larves des *Rhantus exoletus* Forst. et *pulverosus* Steph.

Le labium est un peu plus de deux fois plus large que long ; par contre la mandibule est beaucoup plus étroite que chez *Colymbetes*, plus de trois fois plus longue que large.

Le huitième segment de l'abdomen est conique, allongé, assez large vers la base.

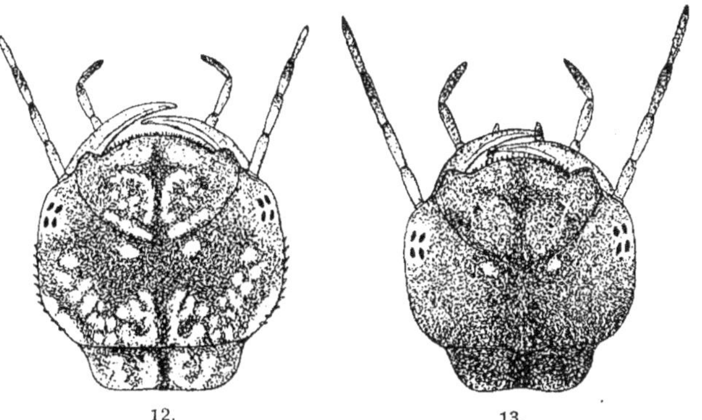

12.   13.

Rhantus latus FAIRM. — FIG. 12. Tête, face dorsale (larve adulte).
FIG. 13. Tête, face dorsale (larvule).

La distribution des phanères est à peu près la même que chez les larves des *Rhantus* paléarctiques ; comme chez ces dernières le stipes des maxilles est dépourvu d'épines en crochet, mais le labium est armé d'épines plus nombreuses et les « poils en rame » du clypeus sont nombreux et disposés sur trois rangs.

Les cerques sont pourvus d'épines et de soies souples, ces dernières pas très longues.

Coloration brun olivâtre, à mouchetures et taches jaunâtres.

Sur la tête, le cou, le vertex, et l'épistome offrent des macules ou mouchetures claires, plus ou moins distinctes, souvent peu visibles à l'œil nu et disposées sensiblement comme chez les autres larves du genre ; la ligne sagittale est assombrie.

Les appendices céphaliques sont gris olivâtre, les mandibules teintées de rougeâtre, les articles des palpes et des antennes plus clairs à la base, le dernier article des antennes clair.

Scuta dorsaux et derniers segments de même teinte que la tête, marqués de taches claires, la ligne sagittale, plus sombre.

Les pattes et les cerques sont d'un gris olivâtre assez foncé.

2 larves de Tananarive.

— Larvule grande : 6^{mm} ; la tête mesure 1^{mm} 25, les derniers segments 0^{mm} 40 et 0^{mm} 90, les cerques de 1^{mm} 20 à 1^{mm} 25.

Coloration très sombre, brun noir, à peu près concolore.

La distribution des phanères est en partie analogue à celle observée chez les autres larvules du genre, les « poils en rame » ne sont qu'au nombre d'une vingtaine, les cerques ont sept soies primaires.

Rhantus pulverosus Steph. — Fig. 14. Cuisse, jambe et tarse antérieurs (larvule). — Fig. 15. Cuisse, jambe et tarse postérieurs (larvule). — Rhantus latus Fairm. — Fig. 16. cuisse, jambe et tarse antérieurs (larvule). — Fig. 17. Cuisse, jambe et tarse postérieurs (larvule).

Les pattes offrent quelques particularités. Chez les larvules du Rhantus pulverosus Steph, la cuisse possède quatre épines inféro-antérieures, quatre épines distales antérieures et une épine et deux soies distales postérieures, la plus inférieure remplacée par une épine aux cuisses antérieures.

La jambe possède une seule épine subdistale inféropostérieure, trois épines inféroantérieures et trois longues soies distales postérieures ; le tarse a une seule épine inféroantérieure.

Ici on retrouve les mêmes épines aux tarses et vers le bord inférieur de la jambe; par contre, à tous les membres, la cuisse n'a qu'une soie distale postérieure, et l'extrémité de la jambe deux soies distales postérieures.

Par ces caractères la larvule du *Rhantus latus* Fourc. s'écarte des autres larvules connues du genre *Rhantus*.

1 larve de Tananarive.

HYDATICUS Leach

Deux des larves recueillies à Madagascar sont assez voisines d'aspect des larves de nos formes paléarctiques, une troisième s'en éloigne sensiblement.

Hydaticus sp.
(Fig. 18).

— Larve adulte de 27 à 29^{mm}.

— La tête mesure 3^{mm} 10, les derniers segments 2^{mm} 75 et 3^{mm} 25 les cerques 2 ^{mm} à 2^{mm} 05.

La tête, déprimée, a les côtés convergeant médiocrement vers l'arrière (moins que chez la larve suivante) ; les mandibules falciformes ne sont pas plus allongées que chez les larves de nos *Hydaticus* paléarctiques, les autres appendices céphaliques ont des articles forts, assez massifs ; le labium a deux appendices mousses médiocres.

La distribution des phanères n'offre rien de particulier ; la plaque sternale du prothorax (acrosternite de BLUNCK) est plus longue que large.

Coloration jaune roussâtre ou olivâtre, avec de nombreuses taches et mouchetures brun foncé.

Les taches du cou s'unissent en deux bandes de chaque côté de la ligne sagittale ; sur les côtés de l'épicrane de nombreuses taches s'unissant vers le vertex ; il y a deux taches isolées vers l'insertion des muscles antennaires.

Epistome moucheté de brun, au niveau des insertions des muscles du pharynx.

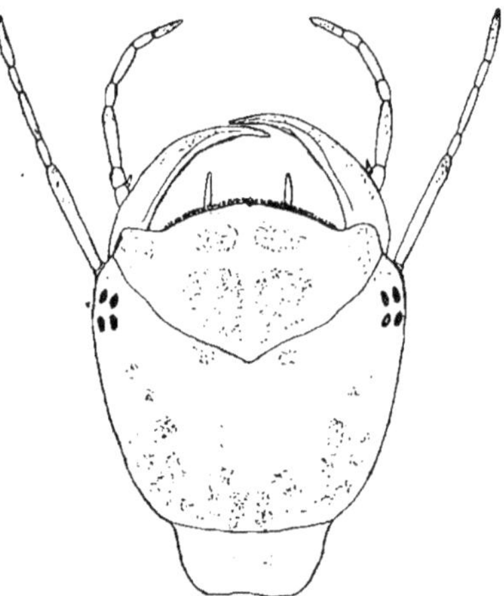

Hydalicus sp. — Fig. 18. Tête, face dorsale.

Les mandibules sont brunâtres, les antennes et les palpes clairs, assombris par places.

Le premier article de l'antenne est assez largement obscurci dans sa partie distale, comme chez les autres larves du genre, l'extrémité des palpes labiaux et maxillaires et des antennes étant d'un brun noirâtre foncé.

Scuta dorsaux et derniers segments légèrement éclaircis vers la ligne sagittale, ornés de nombreux traits et de taches brun foncé plus nombreuses sur le pronotum, en deux rangées longitudinales de chaque côté, s'effaçant vers l'extrémité postérieure du corps.

Les pattes et les cerques sont jaunâtres ou un peu teintés de gris ; l'extrémité des cerques est noirâtre.

Nombreuses larves de Tananarive.

— Larve au deuxième stade très voisine (chez *Hydalicus transsalis* Pontopp, la coloration change à la deuxième mue), différant surtout par la taille : 16mm.

La tête mesure 2mm 25, les derniers segments 2mm et 2mm 25, les cerques environ 1mm 30

Coloration analogue, teinte de fond plus pâle.

Quelques larves de Tananarive.

Hydaticus sp.
(Fig. 19 et 20)

— Larve adulte, plus petite : 26mm.

La tête mesure 3mm, les derniers segments 3mm et 3mm 10, les cerques de 1mm 85 à 1mm 95.

La tête est plus élargie en avant, les côtés convergeant plus fortement vers l'arrière ; les mandibules et le labium sont semblables mais les palpes et les antennes sont plus grêles, à articles moins épais.

La plaque sternale du prothorax est allongée, les phanères sans caractères propres.

Indépendamment de la taille, des dimensions des derniers segments et des cerques, de l'aspect des palpes et des antennes, de la forme de la tête, cette larve s'écarte de la précédente par la coloration.

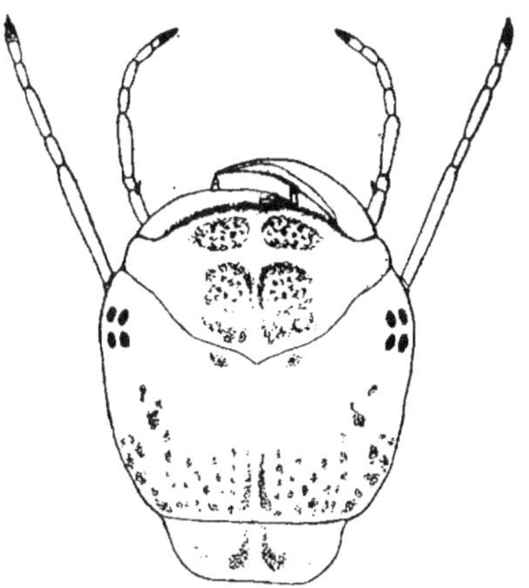

Hydaticus sp. — Fig. 19. Tête, face dorsale (larve adulte).

La tête offre les mêmes taches mais plus effacées, beaucoup plus pâles, relativement peu distinctes, surtout à l'œil nu ; l'extrémité des palpes labiaux, des palpes et des antennes est brunâtre clair.

Les scuta dorsaux n'ont que de rares mouchetures brunes.

Pattes et cerques comme chez la larve précédente.

Nombreuses larves de Tananarive.

— Larve au deuxième stade, de 15mm.

La tête mesure 2mm 20, les derniers segments 2mm et 2mm 25, les cerques de 1mm 30 à 1mm 35.

Coloration voisine, plus grisâtre, appendices et pattes plus assombris.

Quelques larves de Tananarive.

— Larvule caractérisée comme chez les autres *Hydaticus* par la forme de la tête, plus triangulaire, les palpes et les antennes dépourvus d'articles accessoires.

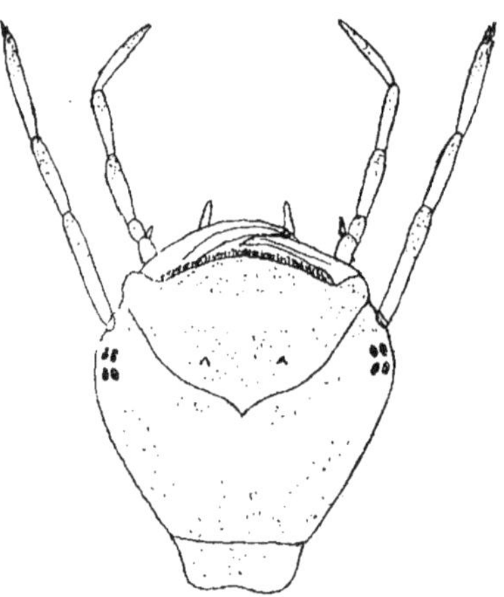

Elle atteint 10^{mm} 50 ; la tête mesure 1^{mm} 40, les derniers segments 1^{mm} 40, et 1^{mm} 70, les cerques 0^{mm} 90 à 0^{mm} 95.

Coloration roux pâle, à taches sombres indistinctes ou nulles, l'extrémité des palpes et des antennes brunâtre clair.

1 larve de Tananarive (1).

Hydaticus sp. — Fɪɢ. 20. Tête, face dorsale (larvule).

**Hydaticus exclamationis* Aubé
(Fig. 21 à 23).

— La larve au deuxième stade atteint 21^{mm} ; la tête mesure 1^{mm} 40 les derniers segments 2^{mm} 35 et 2^{mm} 65 les cerques 1^{mm}.

Cette larve s'écarte par son facies de toutes les larves connues du genre *Hydaticus*.

La tête est subtriangulaire, très courte, aussi large que longue ; le cou est large et court ; les côtés de l'épicrane convergent fortement

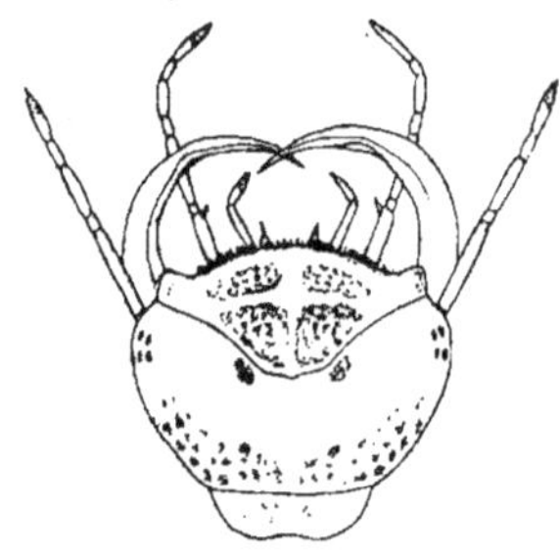

Hydaticus exclamationis Aubé. — Fɪɢ. 21. Tête, face dorsale (larve du deuxième stade).

(1) Les larves ci-dessus décrites appartiennent sans doute aux *H. bivittatus* Cast. et *H. dorsiger* Aubé.

vers l'arrière, l'épistome est beaucoup plus large que long.

Les antennes et les maxilles sont assez analogues à celles des autres larves.

Mais les mandibules et le labium diffèrent. Les mandibules sont fortement incurvées, très longues, très étroites, près de six fois plus longues que larges, atténuées en pointe aiguë et effilée.

Le labium est plus large que long, pourvu de palpes labiaux dont le premier article est sensiblement plus long que le second, mais est surtout remarquable par le grand développement des deux appendices antérieurs non pas mousses, arrondis et courts, mais longs et atténués en pointe aiguë.

La plaque sternale du prothorax est transverse, plus large que longue.

La distribution des phanères ne paraît pas offrir de particularités.

Coloration jaunâtre à taches brunes.

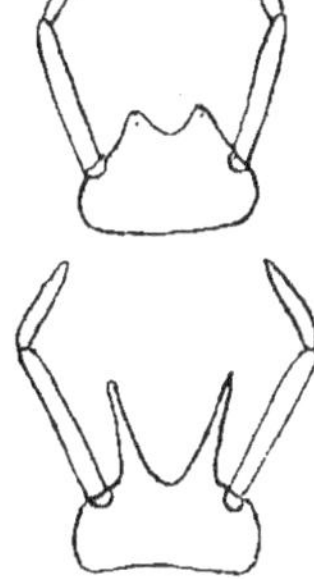

Fig. 22. *Hydaticus seminiger* De Geer. Labium.— Fig. 23. *Hydaticus exclamationis* Aubé. Labium.

Les taches brunes de l'épicrane et de l'épistome sont nombreuses, petites, les mandibules sont rougeâtres vers la pointe ; l'extrémité des palpes labiaux est à peine obscurcie mais celle des palpes maxillaires et des antennes est brun noirâtre.

Les scuta dorsaux n'ont que de rares mouchetures brunes, les pattes et les cerques comme chez les larves précédentes.

1 larve de Tananarive.

RHANTATICUS Sharp.

Le groupe des Thermonectines n'est représenté à Madagascar que par un petit nombre d'espèces dont le *Rhantaticus congestus* Klug. très abondant. Ce n'est qu'à cette dernière espèce que l'on peut rapporter les très nombreuses larves recueillies à Madagascar.

Les larves des Thermonectines, larves nageuses, ont un facies des plus caractéristiques ; celles déjà connues ou décrites appartiennent aux trois genres *Acilius*, *Graphoderes* et *Thermonectes*.

Par leur corps grêle, élancé, les larves des *Rhantaticus* rappellent plutôt les larves de l'*Acilius sulcatus* L., et du *Graphoderes zonatus* Pontopp, que celles de l'*Acilius canaliculatus* Nicol, et du *Graphoderes cinereus* L.

Le labium, tout comme chez les larves des *Graphoderes*, est pourvu d'un appendice médian impair d'ailleurs moins long, le même appendice est plus court chez *Thermonectes*, plus encore chez *Eretes*, bifurqué chez *Acilius* (fig. 24 à 31).

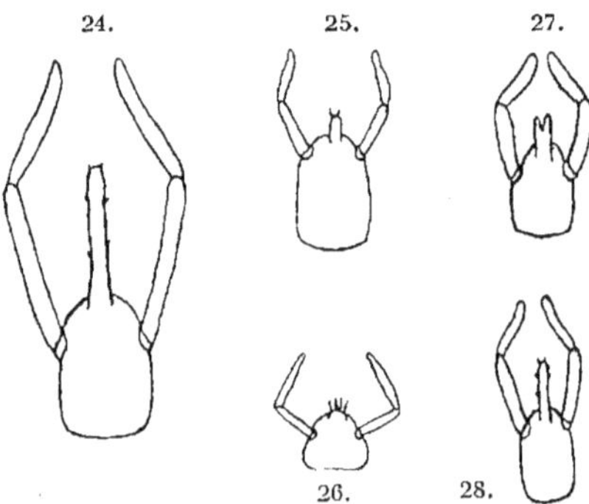

Fig. 24. *Graphoderes zonatus* Pontopp. Labium. — Fig. 25. *Thermonectes circumscriptus* Latr. Labium (d'après Meinert). — Fig. 26. *Eretes sticus* L. Labium (d'après Meinert). — Fig. 27. *Acilius canaliculatus* Nicol. Labium. — Fig. 28. *Rhantaticus congestus* Klug. Labium.

Meinert utilise également dans ses diagnoses la forme de la plaque sternale du prothorax pour différencier *Acilius* de *Graphoderes* ; l'étude que j'ai faite de la larve de l'*Acilius canaliculatus* Nicol m'a conduit à rejeter ce caractère ; en tous cas la plaque du prothorax rappelle ici plutôt *Acilius sulcatus* L. (Fig. 32 à 35).

De même la forme de la tête, des mandibules, l'aspect des appendices céphaliques variant chez *Acilius* et *Graphoderes* ne me paraissent avoir qu'une valeur toute relative.

Par contre l'aspect du « peigne » des tarses m'a paru un assez bon caractères différentiel pour les larves âgées chez *Acilius* et *Graphoderes*.

Chez *Rhantaticus* le peigne des tarses, tout comme chez *Acilius* est constitué par trois sortes d'épines (Fig. 36 à 38).

Sauf les épines du peigne des tarses, la distribution des phanères est assez peu caractéristique ; toutefois il faut noter que les grandes épines qui ornent la face dorsale du stipes des maxilles paraissent disposées comme chez *Acilius* : leur nombre comme dans ce dernier genre, paraît s'accroître au cours de l'évolution larvaire, de plus les épines bordant les côtés de la tête chez les larves âgées, présentes, ne sont pas visibles en dessus.

* *Rhantaticus congestus* KLUG
(Fig. 39 et 40).

— Larve adulte de taille médiocre : 15^{mm}. La tête mesure 2^{mm} 25 les derniers segments 1^{mm} 75 et 2^{mm} 25 ; les cerques 0^{mm} 43 à 0^{mm} 50.

La tête est allongée, déprimée, rétrécie, à côtés convergeant fortement vers l'arrière, les tempes effacées.

Les antennes, les palpes maxillaires et labiaux sont plutôt courts, à articles massifs ; il existe comme chez *Acilius* et *Graphoderes* des articles « accessoires » à la base des deuxième et troisième article de l'antenne et du troisième article du palpe maxillaire.

Les mandibules, peu étroites, environ trois fois plus longues que larges, ont le bord ventral du sillon denticulé à huit dents grandes, les autres confuses.

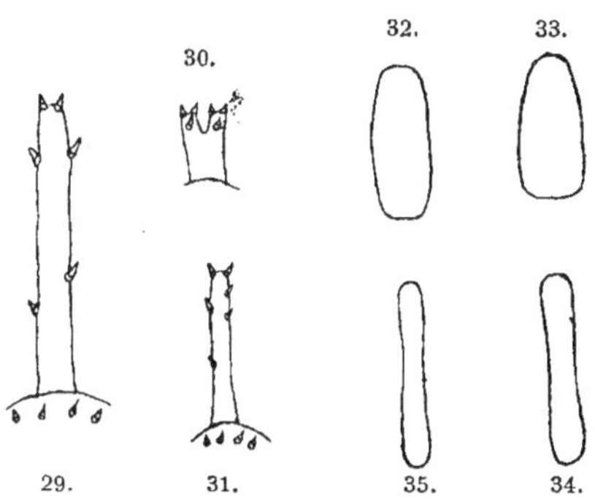

Fig. 29. *Graphoderes zonatus* PONTOPP. Appendice du labium. — Fig. 30. *Acilius canaliculatus* NICOL. Appendice du labium. — Fig. 31. *Rhantaticus congestus* KLUG. Appendice du labium. — Fig. 32. *Graphoderes cinereus* L. Sternum. — Fig. 33. *Acilius canaliculatus* NICOL. Sternum. — Fig. 34. *Acilius sulcatus* L. Sternum. — Fig. 35. *Rhantaticus congestus* KLUG. Sternum.

L'appendice impair du labium, armé de six épines est plus court que le premier article des palpes labiaux.

Le prothorax est allongé, étroit, comprimé, rétréci en son milieu, élargi aux extrémités, environ cinq fois plus long que large ; il est pourvu d'une plaque sternale (acrosternite de BLUNCK) plus large aux extrémités, surtout postérieurement.

Le huitième segment de l'abdomen en cône allongé, assez large à la base, est sensiblement plus long que le septième segment, les cerques sont assez courts.

Coloration jaune roux ou jaune olivâtre plus ou moins teinté de gris, et taché de noir.

Fig. 36. *Graphoderes cinereus* L. Peigne du tarse de la larve. — Fig. 37. *Acilius sulcatus* L. Peigne du tarse de la larve. — Fig. 38. *Rhantaticus congestus* Klug. Peigne du tarse de la larve.

Le cou est clair, obscurci vers la ligne sagittale.

En avant, le reste de l'épicrane, parfois légèrement assombri vers les tempes montre en arrière de la pointe postérieure de l'épistome une large tache noirâtre et les aires ocellaires sont noires.

L'épistome est plus ou moins sombre, brunâtre antérieurement.

Les antennes et les palpes sont légèrement grisâtres, à peine plus sombres vers l'extrémité et les mandibules gris brunâtre, concolores.

Les parties membraneuses sont blanc grisâtre ou jaunâtre, les scuta étant plus ou moins teintés de gris ou de noirâtre comme chez les larves des *Acilius* et des *Graphoderes*.

Les praescuta sont brunâtres ; le bord antérieur du pronotum porte une tache noirâtre peu étendue vers la ligne sagittale ; l'extrémité postérieure du dernier segment est toujours obscurcie, brunâtre ou noirâtre.

Les pattes sont claires, assombries par place, les cerques brunâtres noirs à l'extrémité distale.

Il existe des variations individuelles, les caractères essentiels restant identiques.

Nombreuses larves de Tananarive.

— Larve au deuxième stade, voisine, à labium peu différent, palpes et antennes dépourvues d'articles accessoires.

Elle atteint 10 à 12^{mm} ; la tête mesure 1^{mm} 65, les derniers segments 1^{mm} 25 et 1^{mm} 65, les cerques 0^{mm} 40.

Coloration analogue, fond plus clair, appendices plus assombris.

Nombreuses larves de Tananarive.

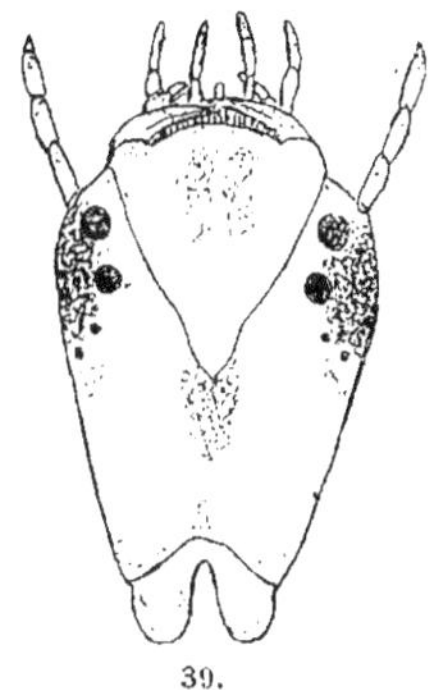 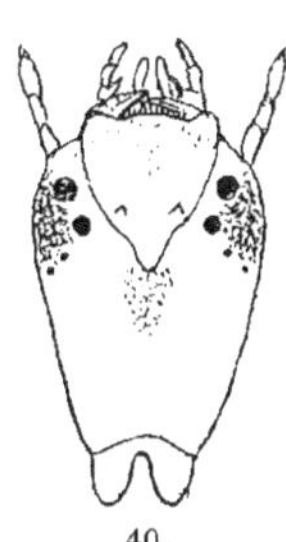

39.   40.

Rhantaticus congestus KLUG. — FIG. 39. Tête, face dorsale (larve au deuxième stade). — FIG. 40. Tête, face dorsale (larvule)

— Larvule pourvue de tubercules frontaux assez petits, à labium peu différent, les caractéristiques générales du stade étant les mêmes que chez les larvules des *Acilius* et des *Graphoderes*.

Elle atteint 7^{mm} 25 ; la tête mesure 1^{mm} 15, les derniers segments 0^{mm} 50 et 1^{mm} 25, et les cerques 0^{mm} 35.

Coloration peu différente : épistome clair, appendices plus sombres, extrémité de l'abdomen et des cerques noirs.

1 larve de Tananarive.

CYBISTER Curt.

La seule larve du genre qui ait été bien étudiée est celle du *Cybister lateralimarginalis* De Geer.

Dugès a observé et élevé des larves d'une espèce américaine, *Cybister fimbriolatus* SAY et XAMBEU a décrit une autre larve attribuée au *Cybister tripunctatus* Ol. provenant de Diégo-Suarez, mais les détails donnés par ces deux auteurs sont peu précis.

D'après l'examen des nombreuses larves recueillies à Madagascar (1), il semble que les larves des *Cybister* soient bien différenciées les unes des autres.

On sait que les cerques sont extrêmement réduits ; ils sont identiques chez les diverses espèces ; le développement relatif des derniers segments, la coloration varient un peu.

Par contre le clypeus, divisé en trois lobes d'aspect variable, et la forme de la tête offrent de meilleurs caractères ; c'est surtout grâce à ces derniers que j'ai pu distinguer jusqu'à huit types larvaires différents auxquels j'ai joint dans le tableau qui suit la larve du *Cybister lateralimarginalis* De Geer. Il est malheureusement impossible d'identifier ces huit larves (2).

1º Lobes latéraux du clypeus à bord denticulé.

Très largement écartés du lobe médian, effacés ; tête très courte, triangulaire, lèvre inférieure découverte, coloration roussâtre : 1 *Cybister* sp.

Moins écartés, bien délimités, tête allongée ; coloration roussâtre ou olivâtre : 2 *Cybister sp.*

2º Lobes latéraux du clypeus à bord entier, parfois sinués plus ou moins écartés du lobe médian.

Assez largement écartés du lobe médian, à bord droit non sinué. larges; coloration roussâtre : 3 *Cybister lateralimarginalis* De Geer.

Assez écartés du lobe médian, mais assez étroits.

a) Non sinués ; coloration roussâtre : 4 *Cybister sp.*

b) Sinués ; coloration noirâtre : 5 *Cybister sp.*

Séparés du lobe médian par une entaille profonde et toujours assez étroite.

a) Non sinués,

---

(1) Indépendamment du matériel de WATERLOT, M. P. LESNE m'a communiqué quelques larves de Madagascar provenant d'autres chasses (CATAT et GEAY).

(2) On a recueilli avec ces larves des imagos de cinq espèces différentes : *C. owas* Lap., *C. binotatus* Klug. *C. tripunctatus* Or. var. *cinctus* Aubé, *C. auritus* Gerst.

Bord plus ou moins concave.

Fortement concave ; lobes assez largement séparés du lobe médian, étroits, tête allongée, appendices grêles : 6 *Cybister sp.*

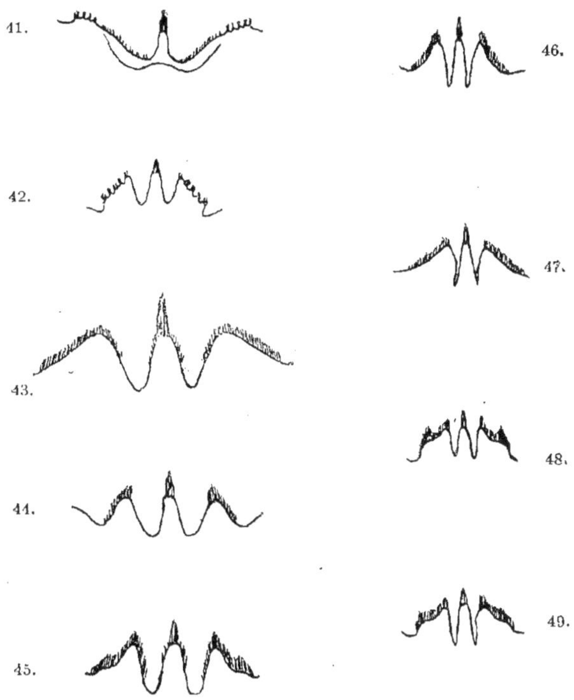

Cybister sp. — Fig. 41, 42, 43, 44, 45, 46, 47, 48, 49. Clypeus chez diverses larves. — *Cybister lateralimarginalis* DE GEER. — FIG. 43. Clypeus.

Peu concave; lobes plus larges ; coloration roussâtre ; tête beaucoup plus courte : 7 *Cybister sp.*

b) Plus ou moins sinués.

Coloration roussâtre : 8 *Cybister sp.*

Coloration noirâtre ; lobes à bord moins profondément sinué : 9 *Cybister sp.*

1 *Cybister sp.*
(Fig. 41 et 50)

— Larve au deuxième stade, atteignant 25^{mm}; la tête mesure 4^{mm}, les derniers segments 3^{mm} et 6^{mm}.

Facies très caractéristique.

La tête est aussi large que longue, les angles frontaux séparés par un faible sinus des lobes latéraux du clypeus, très écartés du lobe médian.

L'épistome est fortement bombé, puis brusquement déclive en avant, découvrant la lèvre inférieure.

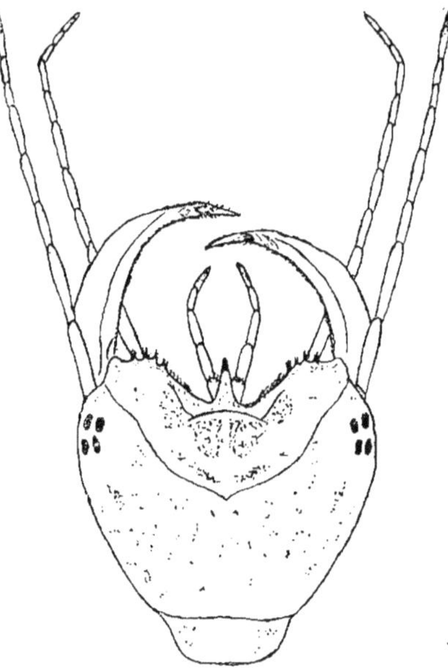

Les appendices céphaliques sont tous longs ; les mandibules elles-mêmes étant étroites (cinq fois plus longues que larges) et atténuées en pointe aiguë et effilée comme chez la larve de l'*Hydaticus exclamationis* Aubé.

Parties cornées roux jaunâtre à mouchetures brunes, clairsemées.

2 larves de Tananarive (1).

2 *Cybister sp.*
(Fig. 42).

Larvule atteignant de 18^{mm} à 20 ^{mm} (18^{mm}

Fig. 50. — *Cybister sp.* (1). Tête, face dorsale (larve au deuxième stade).

(1) Trois larves très voisines ont été capturées dans la vallée du Pungoué (Mozambique) par G. Vasse en 1906, elles sont plus grandes, l'une d'elles adulte atteint 75^{mm}.

à 18ᵐᵐ 50, 19ᵐᵐ 50) ; la tête mesure 2ᵐᵐ, les derniers segments 1ᵐᵐ 50 et 2ᵐᵐ.

La tête est assez étroite, les lobes latéraux du clypeus assez écartés du lobe médian.

Parties cornées roux olivâtre, les extrémités des palpes et des antennes un peu obscurcies.

2 larves de Tananarive.

et 1 larve d'Antsirane.

4 *Cybister sp.* (2)
(Fig. 44).

— Larve adulte de grande taille : 58ᵐᵐ et plus (larves n'ayant pas encore atteint le terme de leur croissance) ; la tête mesure 7ᵐᵐ, les derniers segments 6ᵐᵐ et 12ᵐᵐ.

La tête est forte, assez large, à tempes assez accusées ; les lobes latéraux du clypeus sont assez étroits, assez écartés du lobe médian, non sinués.

Parties cornées roussâtres à mouchetures noirâtres ; sur l'abdomen une bande sagittale claire bien marquée ; les extrémités des palpes et des antennes sont faiblement obscurcies.

1 larve de Tananarive.

1 larve de Madagascar (CATAT).

— Larve au deuxième stade voisine, atteignant 39ᵐᵐ ; la tête mesure 4ᵐᵐ 50, les derniers segments 3ᵐᵐ 50 et 7ᵐᵐ.

1 larve de Tananarive.

1 larve des mares de Sakondry (GEAY).

— Larvule à mouchetures sombres plus clairsemées, atteignant 28ᵐᵐ ; la tête mesure 1ᵐᵐ 50, les derniers segments 2ᵐᵐ 50 et 5ᵐᵐ.

1 larve de Tananarive.

(2) Une larve assez voisine a été récemment recueillie par G. PETIT dans l'Andranomava (Ambongo) dans la province de Majunga.

5 *Cybister sp.*
(Fig. 45).

— Larve adulte assez grande : 52^{mm} ; la tête mesure 5^{mm} et les derniers segments 4^{mm} et 8^{mm}.

Tempes assez accusées, lobes latéraux du clypeus étroits, assez écartés et sinués.

Parties cornées noirâtres.

1 larve de Tananarive.

— Larvule voisine, atteignant 18^{mm} 50 ; la tête mesure 1^{mm} 90 les derniers segments 1^{mm} 75 et 3^{mm}50.

Coloration plus claire.

1 larve de Tananarive.

6 *Cybister sp.*
(Fig. 46 et 51).

Larve adulte de 41^{mm} à 50^{mm}.

La tête mesure 4^{mm} 50, les derniers segments 3^{mm} 10 et 4^{mm} 50

Le facies de cette larve est tout à fait caractéristique.

Le corps est étroit et allongé, la tête aplatie et beaucoup plus longue que large (3^{mm} 10), les antennes et les palpes sont longs et grêles.

Les lobes latéraux du clypeus sont peu écartés du lobe médian et non sinués, assez étroits.

Le septième segment de l'abdomen est relativement plus développé que chez la plupart des autres larves.

Parties cornées roussâtres à mouchetures noires.

2 larves de Tananarive.

— Larvule atteignant sans doute 16^{mm} ; la tête mesure 1^{mm} 90. Coloration noirâtre.

1 larve (en mauvais état à segments postérieurs détruits, de Tananarive (1).

(1) Plusieurs larves aux divers stades, très voisines sont été recueillies au Mozambique (G. Vasse 1906).

7 *Cybister sp.*
(Fig. 47)

— Larve adulte grande : 55^{mm}.

La tête mesure 6^{mm}, les derniers segments 5^{mm} et 9^{mm}.

La tête est forte, large en avant, les côtés convergeant vers l'arrière ; les lobes latéraux du clypeus larges, à bord un peu concave, sont peu écartés du lobe médian, non sinués.

Le septième segment de l'abdomen est grand.

Parties cornées roussâtres à mouchetures noires; le bord des lobes latéraux du clypeus bordé de noir, les antennes et les palpes noirâtres vers l'extrémité.

1 larve de Tananarive.

1 larve des mares de Sakondry (GEAY).

— Larve au deuxième stade de 39^{mm} 50 ; la tête mesure 4^{mm}, les derniers segments 3^{mm} et 4^{mm}.

Coloration voisine de l'adulte.

1 larve de Tananarive.

1 larve des mares de Sakondry (GEAY).

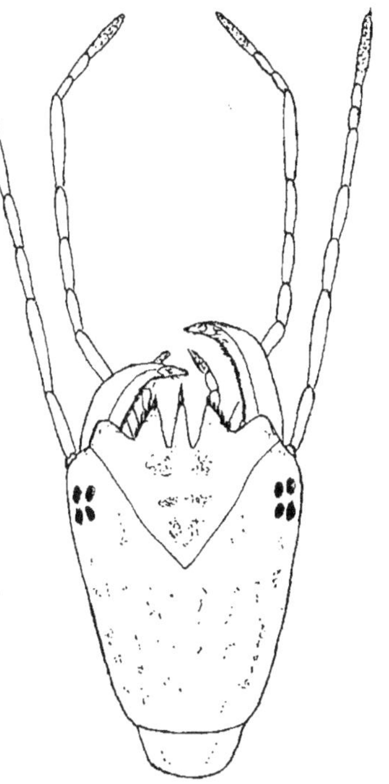

Fig. 51. — *Cybister* sp. (6). Tête, face dorsale (larvule)

8 *Cybister sp.*
(Fig. 48)

Larve adulte de taille médiocre : 40^{mm}, la tête mesure 5^{mm}, les derniers segments 3^{mm} 50 et 7^{mm}.

La tête est assez étroite, à côtés subparallèles, les lobes latéraux du clypeus, peu écartés du lobe médian, sont sinués.

Parties cornées roussâtres, mouchetées de noir, extrémité des palpes et des antennes brunâtre.

1 larve de Tananarive.

— Larve au deuxième stade, de 25 à 27^{mm}.

La tête mesure 3^{mm}, les derniers segments 2^{mm} 50 et 5^{mm}.

3 larves de Tananarive.

1 larve d'Antsirane.

9 *Cybister sp.*

(Fig. 49)

— Larve adulte assez grande : 41^{mm} à 50^{mm}.

La tête mesure 4^{mm} 50, les derniers segments 4^{mm} et 7^{mm}.

La tête est étroite, à tempes plus effacées que chez *Cybister sp.* (5).

Les lobes latéraux du clypeus plus profondément sinués sont peu écartés du lobe médian.

Parties cornées noirâtres.

2 larves de Tananarive.

(La plus grande de ces deux larves m'a servi de type ; l'autre est un peu plus petite : 41^{mm}, ses derniers segments mesurent 3^{mm} et 4^{mm}).

— Larve au deuxième stade de 28^{mm} à 32^{mm} 50 ; la tête mesure 2^{mm} 75, les derniers segments 2^{mm} 50 et 4^{mm} 75.

5 larves de Tananarive.

— Larvule de 23^{mm} ; la tête mesure 2^{mm}, les derniers segments 2^{mm} 35, et 3^{mm} 15.

2 larves de Tananarive.

BIBLIOGRAPHIE

Bertrand (H.). Liste des larves de Dytiscides, Hygrobiides, et Haliplides
actuellement connues ; observations sur diverses espèces Françaises (*Coleoptera*,tome I fasc. 1, Paris 1925) (1).
— Captures et élevages de larves de Coléoptères aquatiques. (*Ann. Soc. Ent.*
France XCIV, Paris 1925).
Blunck (H.). Die Entwicklung der Dytiscus marginalis vom Ei bis Zur Imago.
— Die Metamorphose (der habitus der Larve). (*Zeitschrift für wissenschaftliche*
Zoologie CXVII Leipzig 1918).
Dugès (Dr E.) Métamorphose du *Cybister fimbriolatus* Say. (*Ann. Soc. En.*
Belgique XXX Bruxelles 1885).
Mayet (V.). Bull. n° 6 p. LXXX, (*Ann. Soc. Ent.* France VII Paris 1887).
Meinert (Fr.). Larvae Dytiscidorum (Vandkavelarvene). (Det kongelige Danske
Videnskarbernes Selskabs Skrifter Naturvidenskabelig og mathematik
Afdeling, IX Copenhague 1901 Mindre Meddelser, Opfording. (*Entomologisk*
Meddelser udgivne of entomologisk Forening III Copenhague 1908).
Schiödte (J.-C.). De Metamorphosi Eleutheratorum Bidrag Til Insekternes
Udviklingshistorie Pars II & VI (*Kroyer's Naturhistorik Tidsskrift*. Copenhague, 1862-83).
Xambeu (V.). Mœurs et métamorphoses des Insectes. Larves de Madagascar
(*Ann. Soc. Linn.* LI Lyon 1904).

(1) Voir également *les Larves et Nymphes des Dytiscides. Hygrobiides Haliplides*. Encyclopédie Entomologique T X Paris 1928.